QUELQUES DOCUMENTS

POUR

L'HISTOIRE DE LA POMME DE TERRE

PAR

Le docteur D. CLOS

Extrait du Journal d'Agriculture pratique et d'Economie rurale
pour le Midi de la France.

Mars 1874. — PAGE 131-157.

QUELQUES DOCUMENTS

POUR L'HISTOIRE DE LA POMME DE TERRE.

La pomme de terre règne en souveraine dans les ménages riches et pauvres ; son histoire est partout, bien que la date exacte de sa première introduction en Europe soit encore incertaine. Mais à quelle époque cette culture a-t-elle commencé et s'est-elle propagée dans les diverses régions de la France ou de l'étranger ? A quelle époque dans notre Sud-Ouest ? Comment y a-t-elle triomphé de la répugnance qui l'accueillit à son apparition ? J'ouvre le *Nouveau Dictionnaire d'Agriculture* de Daunassans (publié à Toulouse en 1854), et j'y cherche en vain une réponse. Je lis dans *l'Agriculture et les classes rurales dans le pays Toulousain* de M. Théron de Montaugé, ouvrage qui a valu à son auteur les plus flatteuses distinctions, que les cultivateurs *n'accordèrent trop longtemps à la pomme de terre qu'une bien petite place sur leurs jachères auprès des haricots, des pois, des gesses, des lentilles et des fèves ;* que, dans le diocèse de Toulouse, M. de Lapeyrouse se distingua par son zèle à propager la plante ; mais la question de la marche et des progrès de cette culture n'a pas attiré d'une manière spéciale l'attention de nos deux confrères. D'un autre côté, les Dictionnaires et les Encyclopédies d'agriculture sont presque entièrement dépourvus de détails précis à cet égard.

J'ai tâché, dans les pages qui suivent, d'éclairer un peu l'histoire de la plus populaire des plantes utiles, sans me dissimuler que, pour être complète, cette histoire exigerait encore de longues recherches et de sérieuses discussions.

I. *Coup d'œil général sur l'introduction de la pomme de terre dans diverses contrées de l'Europe.*

Et d'abord, quelle est la vraie patrie de la pomme de terre; quelle a été son introduction, quelle est sa marche en Europe ?

M. Alphonse de Candolle, dans son important *Traité de Géographie botanique raisonnée* (1855, t. 2, p. 218 et suiv.), a soumis la question à une judicieuse critique ; on peut, je crois, résumer ainsi les données que l'on possède aujourd'hui à cet égard : 1° La pomme de terre est originaire des montagnes du Chili, de l'Archipel Chonos ou Chiloe, de l'île de Juan Fernandez ; elle paraît être aussi spontanée au Pérou, bien qu'elle y soit moins répandue : Le botaniste Pavon disait l'avoir vue à cet état aux environs de Lima. Il est très-probable qu'elle ne croît pas naturellement au Mexique, malgré l'assertion contraire de quelques savants, et en particulier d'Achille Richard (*Elém. de bot. méd.*, t. 2, p. 423), la plante prise pour telle étant, d'après M. Alphonse de Candolle, une espèce voisine, le *Solanum verrucosum* (1). 2° C'est des environs de

(1) Cette espèce, dont les tubercules, plus tardifs et plus petits que ceux du *Solanum tuberosum*, ont la chair jaune, a été cultivée en 1850 et 1851, comme exempte de maladie, par des cultivateurs d'un village du pays de Gex, près de Genève (Alph. de Candolle, *loc. cit.*, p. 815). Cependant, M. Vilmorin n'a pas cru à la distinction des deux espèces; disposé à admettre deux types dans nos pommes de terre cultivées, il a pensé que celle du Mexique pourrait bien être la souche de toutes ou d'une partie de nos variétés jaunes (V. *l'Horticulteur belge*, t. III, p. 347).

Quito (1) qu'elle est apportée pour la première fois en Espagne dans la province de Betanzos en Galice, soit au commencement du xvie siècle, soit vers 1530 (2) ; 3° on a dit aussi qu'en 1545, un marchand d'esclaves, J. Hawkins, l'avait portée de Santa-Fé en Irlande, où elle tomba bientôt dans l'oubli (3) ; 4° on la trouve abondamment cultivée en Italie en 1588, et, d'après Targioni, elle l'était notamment en Toscane au début du xviie siècle, y ayant été rapportée d'Espagne ou de Portugal par les moines (4), et elle reçoit des Italiens le nom de *Taratufli* ; 5° elle passa, dit-on, d'Italie en Bourgogne et en Franche-Comté ; 6° en 1585 ou 1586, d'après sir J. Banks, Thomas Herriot, de l'expédition de l'amiral Walter Raleigh ou Raleigh lui-même, la rapportèrent de Caroline en Angleterre (*Trans. Hort. soc. Lond.* i, p. 8). Cependant, H. Phillips écrit : « Il semble incertain si sir Walter apporta la racine de patate en Angleterre ou si elle lui fut ultérieurement envoyée par sir Thomas Grenville où par M. Lane, qui fut le premier gouverneur de

(1) En effet, Pierre Cicca, dans sa *Chronique* en date de 1553, ch. ix, p. 49, rapporte que les habitants de Quito et des environs cultivaient, outre le maïs, une racine tubéreuse qu'ils appelaient *papas*, et dont ils se nourrissaient.

(2) On lit dans l'*Introduction à l'histoire naturelle de l'Espagne* de Bowles (trad. franç., 1776, p. 242) : « L'espèce de *Solanum* que l'on appelle patate, vient et croît à côté de la Belladone... Ce sont les Espagnols qui ont transporté les patates de l'Amérique dans la Galice, d'où elles se sont ensuite répandues dans toute l'Europe, où elles servent de nourriture très-salutaire à des millions d'hommes. »

(3) D'après J. Banks, la plante apportée par Hawkins était la batate (*Batatas edulis*) ; et cependant en 1822, le botaniste Zea disait à M. Lambert avoir trouvé la pomme de terre croissant spontanément dans les forêts de la Nouvelle-Grenade, près de Santa-Fé de Bogota (*Mémoire de Sabine sur la patrie de la pomme de terre*).

(4) Cependant, elle était même alors inconnue à Padoue : « Illud autem magis mirum Patavinæ Scholæ fuisse ignotam antequam amicis qui Patavii medicæ arti operam dabant Francoferto ejus tubera mitterem (Voy. J. Bauhin, *Historia Plant. univers.* (1650-1651), t. iii, p. 622).

Virginie (*History of cultivated vegetables*, 2ᵉ édit. t. 2,
pp. 79-80) » (1); 7° les procès-verbaux manuscrits du 13 dé-
cembre 1693 de la Société royale de Londres apprennent
que sir Robert Southwell, alors président, informa ses
confrères que son grand-père introduisit les pommes de terre
en Irlande, et qu'il les tenait de sir W. Raleigh. Au rapport
de Banks, on accueillit et cultiva la plante comme alimen-
taire en Irlande, longtemps avant qu'on en connût l'usage
en Angleterre. En effet, le botaniste Gerarde, qui la reçut
directement de Virginie (2), qui la cultiva dans son jardin
en 1597, et qui même en donna dans son grand *Herbal*
une description avec une figure, il est vrai, assez médiocre, se
borne à dire : « Ces tubercules sont une nourriture aussi
bien qu'un mets assez agréable, égal en bonté et en sa-
lubrité à la batate, soit qu'on les fasse rôtir sous la cendre,
soit qu'on les mange bouillis, avec de l'huile, du vinaigre
ou du poivre, ou préparés de toute autre manière par la
main de quelque habile cuisinier. » Peu après, le célèbre
François Bacon écrit, dans son *Histoire de la vie et de la
mort :* « Un quart de racines farineuses, telles que celles
de la pomme de terre, mélangées avec trois quarts de
grain, rendrait la bière plus saine et plus propre à prolon-
ger la vie (V. *Biblioth. britann.*, t. x, p. 179) » ; et dans son

(1) On dit que sir W. Raleigh donna quelques pommes de terre à son jardinier, comme un beau fruit d'Amérique, avec ordre de les planter dans
son jardin potager ; en août la plante fleurit, elle fructifia en septembre ;
mais les baies furent si différentes de ce qu'attendait le jardinier que,
dans sa mauvaise humeur, il les porta à son maître, lui disant : « Est-ce
là ce beau fruit d'Amérique que vous prisez si haut ? W. Raleigh, qu'il
ignorât ou non la chose, les fit arracher et jeter (H. Phillips).

(2) Elle avait dû être importée du Chili ou du Pérou en Caroline et en
Virginie par quelques navigateurs européens ; car, d'après le docteur Roul-
lin, cité par M. Alphonse de Candolle, on ne trouve aucune trace de
pomme de terre chez les habitants des États-Unis avant leur contact avec
les Européens.

Histoire naturelle, ce savant indique même un moyen d'obtenir de la plante des tubercules plus développés en tous sens.

D'un autre côté, la mention élogieuse précitée, due à Gerarde, devait avoir contribué à mettre la solanée en vogue en Angleterre, au moins à titre d'aliment délicat; car déjà, dès 1619, elle figure parmi différents articles destinés à la table royale; la quantité à fournir était très-minime et d'un prix élevé; mais elle ne devint dans la Grande-Bretagne un objet d'importance nationale qu'en 1662-3; car, dans un meeting du 18 mars de cette année, fut lue une lettre de M. Buckland, gentilhomme du Somerset, recommandant la plantation des pommes de terre dans toutes les parties du royaume pour prévenir la famine. A la suite d'un rapport élogieux sur cette communication, plusieurs membres furent invités à cultiver la plante. Toutefois, si l'on s'en rapporte au peu de cas qu'attachait encore Bradley à cette culture en 1718, dans ses *New improvements of Planting and Gardening*, on est autorisé à conclure que la pomme de terre n'était pas, même alors, appréciée selon ses mérites.

8° En Ecosse, elle ne fut cultivée qu'en 1683. En 1728, un journalier, Thomas Prentice, planta pour la première fois des pommes de terre en plein champ dans le Kilsyth : le succès fut tel que tout fermier et colon suivit son exemple. (H. Phillips, *loc. cit.* p. 78 et suiv.)

9° Les mémoires de l'Académie royale des sciences de Suède, nous apprennent que, dès 1747, Ch. Skytes proposait d'extraire l'eau-de-vie des pommes de terre par distillation, afin d'épargner le grain qui est souvent très-cher dans ce pays. Et de son côté, l'illustre Linné faisait tous ses efforts pour les propager. Enfin, un édit royal fut publié en Suède en 1764 en vue d'en encourager la culture;

10° On lit dans la *Bibliothèque universelle de Genève*

(Agricult. t. VIII, p. 154), qu'en 1650 la plante commença a être connue en Allemagne et cultivée ; que la guerre de trente ans propagea cette culture, qui fut après délaissée, mais qui redevint d'un usage général à l'occasion de la guerre de sept ans et surtout de la famine de 1770. Cependant au rapport de Schkuhr, elle n'aurait été connue en Allemagne qu'en 1717 (*Botanisches Handbuch*, t. 1, p. 144) ;

11° Introduite d'assez bonne heure en Suisse, elle y reçut bon accueil, mais ne s'y propagea qu'assez tard dans quelques cantons ; ainsi ce n'est que peu d'années avant 1730 qu'au rapport de Loiseleur Deslongchamps, elle pénètre dans le canton de Berne ; et la vallée de Locarno (canton du Tessin, non loin du lac Majeur), a dû ce bienfait au philosophe et littérateur suisse Bonstetten (1).

Toutefois, la pomme de terre ne tarda pas à gagner du terrain, comme le prouve ce passage du *Dictionnaire d'histoire naturelle* de Valmont de Bomare, t. 2, p. 92, publié en 1800 : « En Suisse..., depuis 25 à 30 ans, la culture s'en est tellement accrue dans les champs que cette manne fait en hiver la nourriture du peuple, surtout des enfants, qui, comme l'on sait, ne deviennent pas des hommes moins robustes que nos Français nourris avec le plus beau froment. »

Cet exemple était imité par le Piémont, car, je lis dans la *Bibliothèque Britannique* (Agriculture, t. X, p. 90), que,

---

(1) « Le grand préjugé contre l'usage de la pomme de terre comme aliment pour l'homme, dit Sainte-Beuve, venait de l'idée qu'elle était *per le creature*, c'est-à-dire pour les porcs. Bonstetten, sachant le cas que le peuple faisait des Anglais à cause de leur grande dépense en voyage, imagina de faire lire dans les Eglises du bailliage de Locarno une exhortation à cultiver les pommes de terre, en ajoutant que la pomme de terre était chaque jour servie à la table du roi des Anglais. Neuf ans après, à Genève, un habitant de ces pauvres vallées vint le remercier de l'effet qu'avait produit *sa predica*, son prône. La pomme de terre, grâce à la recommandation, avait prospéré, (*Causeries du lundi*, t. XIV, p. 453). »

depuis 1802, on consacrait à la Mandria plus de onze hectares à la culture de ce légume dont le produit a donné des résultats énormes.

12° Dès 1590, la pomme de terre avait été introduite dans les Pays-Bas par l'Ecluse auquel Gerarde l'avait envoyée; et des Anglais l'apportèrent aussi en Flandre pendant les guerres de Louis XIV.

Le *Mémoire statistique du département de la Lys*, publié par ordre du gouvernement français, en l'an XII (1803), fournit à cet égard les renseignements suivants, p. 119 : « Ce ne fut qu'en 1620, époque à laquelle les religieux chartreux furent obligés de quitter l'Angleterre, que l'un d'eux, le père Robert Clarke, surnommé le Virgile chrétien, apporta dans ce pays-là les premières pommes de terre; elles furent plantées dans les environs de Nieuport. Les bienfaits de cette introduction ne furent point appréciés d'abord, et la culture de la pomme de terre ne s'étendit que lentement, car ce fut en 1704 seulement que les premières furent plantées dans un jardin de Bruges. Le propriétaire de ce jardin, Antoine Verhulst, désireux de multiplier, de répandre ce légume, en fit des distributions gratuites, et bientôt les maraîchers, les jardiniers, aidés de ses conseils, les cultivèrent en grand et en fournirent les marchés... Les pommes de terre ne servirent d'abord qu'à la nourriture de la classe pauvre du peuple ; mais vers le milieu du siècle dernier, la consommation en augmenta... et maintenant on les trouve sur toutes les tables, presque à tous les repas. »

13° Au rapport de Loiseleur Deslongchamps, ce n'est que de 1714 à 1724 que cette culture pénétra dans la Souabe, l'Alsace, le Palatinat.

II. *Introduction et propagation de la pomme de terre en France.*

En 1588, l'Ecluse ou Clusius, d'Arras, avait reçu la pomme de terre de Philippe de Sivry, seigneur de Valdheim, gouverneur de Mons, qui la tenait lui-même de l'un des officiers de la suite du légat du pape en Belgique, et l'Ecluse donnait, en 1601, la première bonne planche, la première bonne description de la plante. En 1588 encore, disent MM. Girardin et Dubreuil (*Cours d'Agricult.*, t. 2, p. 8), un habitant d'Arras appela pour la première fois, mais inutilement, sur cette plante, l'attention des cultivateurs français (1). Gaspard Bauhin la préconisa aussi en 1592 et détermina quelques fermiers des environs de Lyon et des montagnes des Vosges à en tenter la culture ; ces essais eurent un plein succès, mais ils furent bientôt abandonnés, le bruit s'étant répandu que ces tubercules constituaient un aliment dangereux.

On lit, d'autre part, dans un des articles de fonds les plus récents, dû à la plume de M. Gossin, que la pomme de terre, après s'être propagée rapidement en France, vers 1592, dans la Franche-Comté, les Vosges et la Bourgogne, subit, comme tant d'autres choses utiles, l'épreuve de la persécution et qu'au milieu du XVIIIe siècle, elle était encore fort peu estimée en France, sa culture en grand n'existant nulle part si ce n'est peut-être sur quelques points des Vosges (Voy. *Encyclop. de l'agric.* t. XI (1866) p. 659-660).

Cette assertion est beaucoup trop générale ; mais il n'en

(1) M. Bouillet va plus loin, déclarant qu'elle était cultivée (en grand, sans doute) autour d'Arras, dès 1588. (*Dictionn. univ. des sci. lettres et arts*, p. 324.)

est pas moins vrai que c'est en effet dans le nord-est de la
France que la pomme de terre prend possession de notre
sol même avant le milieu du xvii⁰ siècle, car : 1º un arrêt
du Parlement de Besançon de 1630, en prohibe la culture
dans le territoire de Salins, par crainte de la lèpre (1) ;
2º le baron de Dumast a fait connaître un arrêt, édicté à
Nancy par la cour de Lorraine, en date du 28 juin 1715,
d'après lequel la dîme devait être payée pour les pommes
de terre comme pour les autres cultures, et constatant les 50
années de pratique exigées pour la perception de ce droit; d'où
il suit que cette culture devait remonter, au moins dans cette
contrée à 1665 (2) ; 3º « la pomme de terre, écrit Kirsch-
leger, était probablement cultivée au xviiᵉ siècle en Alsace
dans quelques jardins; en 1691 elle l'était certainement au
jardin botanique de Strasbourg. Vers 1709, sa culture était
TRÈS-RÉPANDUE dans notre province et même au Ban-de-
la-Roche, d'après H. Oberlin. Lindern (*T. als.* 1728) la dit
cultivée communément dans les champs des jardiniers cultivateurs à Strasbourg (*Flore d'Alsace*, t. 1, p. 532). »

J'ai souligné l'expression *très-répandue*, car l'assertion du
savant botaniste ne cadre pas avec ce renseignement, puisé
dans les *Mémoires d'Agriculture publiés par la Société
d'Agriculture de la Seine*, t. xii, p. 75, en date de 1809 :

---

(1) J'emprunte ce fait au Mémoire de notre confrère M. Gourdon : *la
pomme de terre et sa culture*, Toulouse, 1870.

(2) Il est dit dans cet arrêt, extrait des coutumes de Lorraine et publié en
1867 par la Société zoologique d'acclimatation, dans son *Bulletin*, 2ᵐᵉ sér.,
t. IV, p. 301 : « Que ce fruit était devenu fort commun dans toute la Vosge,
surtout dans le temps malheureux que l'on vient d'essuyer... qu'il est
connu dans la Vosge depuis environ 50 ans.. qu'il se plante ou se sème
tantôt dans des potagers ou vergers, tantôt dans des chenevières, quelquefois dans des terres arables... mais plus ordinairement cependant dans des
terres de repos ou qui font versaine, selon le terme du pays. » Et une dé-
claration de Léopold, duc de Lorraine, en date du 4 mars 1719, ordonne
« qu'à l'avenir la dixme des topinambours ou pommes de terre soit délivrée
en espèces aux décimateurs. (*Ibid.* p. 304.) »

« Il y a 50 à 60 ans que cette plante était *presque inconnue* dans la ci-devant Alsace ; quelques personnes la cultivaient comme une rareté ; mais on ne voulait pas en faire l'essai en grand. Le gouvernement avait tenté en vain d'en introduire la culture. Il fallut presque employer des moyens coactifs. Un intendant d'Alsace ordonna que chaque village aurait une certaine étendue de terrain ensemencé en pommes de terre. Plusieurs maires furent punis pour n'avoir pas exécuté les ordres de l'intendant. Depuis ce temps, la persuasion, l'exemple, les écrits et les instructions, ont fait sans effort ce que l'autorité n'avait point obtenu. » Et l'auteur ajoute que la pomme de terre est pour le Haut-Rhin la ressource du pays, la base de la nourriture des habitants de la campagne ; enfin, qu'elle n'a jamais fait de mal.

Cette culture existait déjà ou tendait à s'introduire dès la première moitié du xviiie siècle, dans d'autres localités du sol français. Plusieurs documents en font foi.

On lit dans les *Mémoires du Puy* de 1864-65, p. 70, qu'Aymard a prouvé par des actes de donation remontant à 1735, que les pommes de terres ou truffes étaient alors cultivées dans le Velay.

Dans une discussion, soulevée au sein de la Société centrale d'Agriculture, en 1871 (?), sur l'histoire de la pomme de terre, le maréchal Vaillant annonçait qu'un de ses amis venait de découvrir un traité portant la date de 1749 et où sont indiquées les diverses préparations de la pomme de terre. D'autre part, on peut citer ce passage de l'*Ecole du jardin potager* de de Combles, nouvelle édition, 1752, t. 2, p. 577.

« Voici une plante dont aucun auteur n'a parlé et vraisemblablement c'est par mépris pour elle qu'on l'a exclue de la classe des plantes potagères, car elle est trop anciennement connue et trop répandue pour qu'elle ait pu échapper à la connaissance. Cependant, il y a de l'injustice à omettre un fruit qui sert de nourriture à une grande partie des hommes de toute nation... Ce n'est pas seulement le bas peuple et les gens de la campagne qui en vivent dans la plupart des provinces ; ce sont les personnes mêmes les plus aisées des villes, et je puis avancer de plus, par la connaissance que j'en ai, que beaucoup de gens l'aiment avec passion. » L'auteur de l'ouvrage appelle ce tubercule *truffe* (1).

En 1754, Duhamel du Monceau conseillait vivement la culture de la pomme de terre et prêchait d'exemple ; il écrit, en effet, dans son *Traité de la culture des terres*, t. 4, p. 61 : « Dans le même mois d'avril 1754, j'ai fait planter du maïs et des pommes de terre dans 4 journaux ou environ, distribués en planches de 5 pieds... le journal a produit 28 septiers les boisseaux combles. »

On lit d'autre part, dans un ouvrage de Buchoz, intitulé : *Tournefortius Lotharingiæ*, inprimé à Nancy, en date de 1764, p. 39, au mot *Solanum tuberosum* : « On cultive cette plante dans les champs et jardins. »

Ces faits ne déposent-ils pas contre cette assertion qu'on lit dans un ouvrage récent, le *Dictionnaire français illustré* de Vorepierre, t. 2 : « En ce qui concerne la France, elle (la pomme de terre) était encore une rareté en 1763 ; ce fut seulement vingt ans plus tard que son usage commença à se répandre. » Les renseignements qui suivent vont témoigner aussi de l'exagération, soit de ce passage, soit de l'assertion citée plus haute de M. Gossin :

« En 1761, Turgot était appelé à l'intendance de la gé-

***

(1) Toutefois, il faut être très réservé sur l'interprétation de certains passages de cette époque quant à la question discutée dans cet écrit, le topinambour usurpant parfois les dénominations de la pomme de terre, comme le prouvent ces mots que j'emprunte à la *Nouvelle Maison rustique*, t. 2, p. 145, « Topinambours ou pommes de terre ou encore grosses truffes » ; et ces deux mots sont aussi donnés comme synonymes soit dans l'arrêt cité plus haut de la cour de Lorraine, soit dans les actes du Velay.

néralité de Limoges ; les préjugés, plus forts que la misère, y faisaient proscrire le précieux tubercule, accusé d'engendrer la lèpre. Turgot, bien convaincu de son importance, « en fit servir, écrit M. Batbie, à sa table et distribuer aux membres de la Société d'agriculture et aux curés en les priant d'en recommander l'usage. Lui-même, lorsqu'il se rendait dans les communautés, s'asseyait à la table des paysans et en leur présence mangeait de la pomme de terre. Le préjugé ne résista pas à cette démonstration et les habitants du Limousin étaient habitués à cette nourriture avant que Parmentier ne l'eût popularisée *(Turgot philosophe, économiste et administrateur,* p. 622). »

Cependant « en 1765 un évêque de Castres, Mgr du Barral, se procure le plus qu'il peut de tubercules, les distribue entre les curés de son diocèse ; puis il leur adresse de nombreuses instructions sur les véritables qualités de la Solanée, dont, par mandement, il leur impose la propagation comme devoir sacré. Enfin, il demande aux grands propriétaires la cession temporaire de quelques parcelles de terres incultes en faveur des pauvres qui les planteraient en pommes de terre (L. Gossin, *loc. cit.*) (1). »

Toutefois, la pomme de terre ne paraît pas s'être alors beaucoup répandue dans le département du Tarn, tandis que s'il faut en croire Picot de Lapeyrouse, elle était en grande faveur dans certaines parties des Pyrénées, mais encore presque inconnue dans nos contrées.

Dans sa *Topographie rurale du canton de Montastruc* (Haute-Garonne), ouvrage auquel la Société d'agriculture de la Seine décernait un prix en 1814, ce savant écrivait : « La pomme de terre *(patanes)* n'obtient pas dans les assolements du canton la faveur que ses éminentes qualités

____

(1) Voir aussi Magloire Nayral , *Biogr. castraise,* t. 1, p. 132-133.

devraient lui mériter. Elle y était entièrement inconnue ; je l'avais vue dans les Pyrénées, où on la cultive en grand, depuis plus de 50 ans, et où elle console ces industrieux montagnards de l'ingratitude et de l'âpreté de leur sol. J'y en pris quelques hectolitres en 1776 ; je les fis planter et bien soigner. A la seconde récolte, j'en obtins 200 hectolitres ; j'en distribuai, j'en fis préparer de différentes manières, j'essayai d'en faire manger aux chefs de famille les plus accrédités. Tous les rebutèrent avec horreur et dédain. Les laboureurs, les bergers, s'obstinèrent à n'en donner à aucune espèce de bétail, Mon obstination devait vaincre la leur : à la quatrième récolte, je m'aperçus qu'on avait volé des pommes de terre dans mes champs. Les vols continuèrent, j'en fus averti : « Tant mieux, répondis-je ; ils commencent donc à s'y accoutumer ; mais ils ont tort de les prendre à mon insu, car je ne demande pas mieux que de les leur donner. » Depuis lors, cette culture s'est propagée dans tout le canton, non qu'elle ait acquis l'importance qu'elle doit avoir, mais presque chaque famille en a une petite provision. *Seul encore, je lui consacre une étendue considérable de terrain...* Cette année, qui à la vérité a été des plus favorables, nous en avons recueilli 1,527 hectolitres sur une jachère de 6 hectares de contenance ; la moitié de cette superbe récolte a été retirée par les colons, et est allée alimenter 24 familles. La pomme de terre que je cultive est la blanche-jaune, marbrée de rouge ; elle réussit bien et est d'un gros volume. J'ai essayé plusieurs variétés ; elles ont dégénéré promptement (V. *Annales de l'agric. franç.*, LVII, p. 195, et *Journal des propriétaires ruraux pour le midi de la France*, t. X, (1815), p. 111 et 112). »

Cette culture devait avoir pénétré en Dauphiné dès le milieu du XVIIIe siècle ; car Villars écrivait en 1787 : « On cultive la pomme de terre depuis les basses plaines de la province jusqu'aux derniers plateaux des Alpes, où la rigueur du climat refuse l'accroissement à la plante, le développement aux fleurs, tandis que la température du globe fait végéter sa racine, d'autant plus agréable qu'elle croît dans une terre plus fine, dans un climat plus élevé » ; et l'auteur ajoute : « Je doute si le Nouveau-Monde pourra jamais nous faire oublier le trésor précieux qu'il nous a donné en nous communiquant cette plante (*Hist. des Plant. du Dauph.*, t. II, p. 495).

De son côté, M. Quizard, propriétaire à Thonon, déclarait en 1809 que depuis quarante ans, cette culture s'était fort étendue dans les Alpes de la Savoie, ajoutant : « Il n'y a pas un habitant qui n'en cultive ; nos paysans ne peuvent s'en passer. » (V. *Mém. d'agricult. de la Soc. de la Seine*, t. XII, p. 73.)

C'est encore vers cette époque qu'elle s'était répandue dans le Lyonnais. On lit, en effet, à la page 130 du *Voyage au Mont-Pilat*, de la Tourette, de l'année 1771 : « Cette plante se cultive à Pilat et dans tout le Lyonnais ; sa racine tubéreuse fournit un aliment abondant et sain ; son goût est préférable à la truffe du taupinambour des Anglais. » On a vu plus haut qu'au célèbre botaniste Gaspard Bauhin revient l'honneur d'en avoir établi la culture aux environs de Lyon et dans les Vosges plus d'un siècle auparavant.

C'est alors qu'apparaît ce grand philanthrope, Parmentier, qui voue sa vie à venger la pomme de terre des préjugés et des accusations dont elle était encore l'objet dans une foule de localités ; comme Turgot, il veut prêcher d'exemple, et, dès 1772, il entreprend sa croisade en faveur du tubercule si justement décoré de son nom. En 1775 ou 1776, il donne un grand dîner, « où figuraient Franklin et Lavoisier, et dans lequel, dit Bosc, un des convives, il ne fut servi que des pommes de terre, même pour boisson. » Et le zèle ardent de Parmentier pour une cause dont il entrevoyait toute l'importance contribua puissamment à sauver la France des horreurs de la famine dans les années 1793, 1816 et 1817. Tout a été dit sur le mérite de cet homme qui, dès 1772, époque de son premier travail (1), eut toujours en vue la recherche du bien public, soit par ses paroles, soit par ses actes, soit par sa plume (2).

L'importance de la culture des pommes de terre paraît avoir été reconnue dans le nord et le nord-est de la France, à l'époque où Parmentier cherchait à la démontrer ; elle avait même dû y acquérir une assez grande extension ; car 1° en 1809, le curé Aubry déclarait qu'à dater de 1760, elle s'était considérablement augmentée dans les ARDENNES ;

(1) *Mémoire qui a remporté le prix de l'Académie de Besançon sur cette question : Indiquer les végétaux qui pourraient suppléer, en temps de disette, à ceux qu'on emploie communément à la nourriture de l'homme, et quelle en devrait être la préparation,* 1772.

(2) Nous croyons devoir signaler tous les Mémoires de Parmentier concernant exclusivement ou en partie la pomme de terre, publiés postérieurement à celui qui vient d'être cité ; ce sont : en 1773, *Examen chimique des pommes de terre* ; en 1774, *Ouvrage économique sur les pommes de terre, le froment, le riz* ; en 1779, *Manière de faire le pain de pomme de terre sans mélange de farines* ; en 1781, *Les pommes de terre considérées relativement à la santé et à l'économie* ; même année, *Recherches sur les végétaux nourrissants qui, dans les temps de disette, peuvent remplacer les aliments ordinaires, avec de nouvelles observations sur la culture des pommes de terre* ; en 1787, *Instructions sur la conservation et les usages de la pomme de terre, publiées par ordre du gouvernement* ; en 1789, *Traité sur la culture et les usages de la pomme de terre, de la patate et du topinambour.* On a dit avec raison de Parmentier : « Dans les siècles mythologiques, on eût divinisé le mortel qui aurait fait ce présent au monde. » On a pu renouveler pour lui, sans trop d'exagération, ce tour de phrase emprunté au plus grand orateur de la chaire : « Un savant s'est rencontré qui ne puisa point dans la contemplation des phénomènes de la nature, ni dans celle des merveilles des arts, mais dans le sentiment des privations et des souffrances, l'idée primitive de ses travaux et de ses découvertes (Grognier, *Éloge de Parmentier, in Ann. d'Agric.,* t. 23, p. 88).

notamment dans le canton de Bouillon, ajoutant qu'avant l'introduction de la pomme de terre, les Hautes-Ardennes étaient souvent exposées à des espèces de famines, fléau qu'on n'y connaît plus.

2° Elle était même exportée en Angleterre par le port de Dunkerque, si bien qu'en 1775, on crut devoir en défendre la sortie du royaume, fait que j'emprunte au Mémoire déjà cité de M. Gourdon.

3° De nombreux documents témoignent de l'étendue de cette culture dans nos départements du nord-est. Au rapport de Parmentier, « vers la fin du xviiie siècle, les Anabaptistes... introduisirent sur les bords du Rhin, dans l'ancien département du MONT-TONNERRE, la distillation en grand de la pomme de terre fermentée, et en tirèrent des produits fort importants. » Voici des renseignements officiels extraits des *Mémoires statistiques publiés par ordre du gouvernement* : a En l'an xii (1803) pour le département de RHIN-ET-MOSELLE : « La pomme de terre, qui est devenue un des mets du riche, est dans plusieurs cantons la seule nourriture du pauvre ; on en fait aujourd'hui une telle consommation que l'on doit s'étonner comment, avant sa culture, les pays un peu populeux ont pu nourrir leurs habitants (p. 79). » b. En l'an xi (1802) pour le département de la MOSELLE : « Elle est cultivée surtout dans l'arrondissement de Sarreguemines (p. 24). Elle s'est prodigieusement multipliée depuis 1794, où elle est devenue d'un grand secours dans la disette qui s'est fait sentir... Elle était même presque inconnue au milieu du dernier siècle ; elle a commencé à s'introduire dans les vignobles dont la population nombreuse, privée de plantes céréales, s'en était fait une précieuse ressource ; elle est aujourd'hui répandue partout : c'est le légume dont la consommation est la plus grande, en même temps qu'il sert de nourriture aux bestiaux et d'engrais aux

porcs (p. 120). » *c.* En l'an XIII (1804) pour la MEURTHE :
« Quelques cantons montagneux sont consacrés uniquement aux pommes de terre (p. 158). En 1789, la proportion des terrains plantés de pommes de terre à ceux ensemencés en fèves, en pois, était comme dix à six, tandis que ce rapport est aujourd'hui comme dix à trois. Cette faveur qu'a obtenue la culture de la pomme de terre est l'effet du défrichement des communaux, de la vente en détail des grandes fermes, des diverses causes ayant multiplié le nombre des petits propriétaires, dont ce précieux légume est la principale nourriture » (p. 179). *d.* En l'an XII pour le DOUBS : « La culture de la pomme de terre augmente toujours... sensiblement....Outre la nourriture qu'elle fournit au cultivateur, la pomme de terre sert aussi de nourriture aux bestiaux qu'elle engraisse (p. 82). Les nombreux avantages que le cultivateur a trouvés dans la culture facile de la pomme de terre paraissent avoir beaucoup diminué la culture du maïs, qui, plus exposée aux intempéries des saisons, laisse plus d'incertitude sur la récolte, sans donner plus d'avantages par ses produits, qui n'offrent pas une nourriture plus saine, plus abondante ni plus agréable que la pomme de terre, soit pour l'homme, soit pour les bestiaux » (p. 83).

4° On lit dans les *Annales de l'agriculture française*, t. LVII, p, 26, qu'en 1814, la pomme de terre était cultivée en grand dans le département de l'AISNE, où, « ajoute l'auteur, sa culture a beaucoup augmenté depuis 20 à 30 ans, offrant à la classe indigente une ressource précieuse. »

Toutefois, les pommes de terre paraissent avoir pénétré assez tard dans le Cambrésis ; car il est dit dans une notice sur Beauvois, commune du département du Nord : « Ce ne fut que vers 1789 que des fabricants de toile, allant cher-

cher, du lin en Hollande, en rapportèrent quelques-unes dans leur valise, et en propagèrent peu à peu la culture (V. *Mém. de la Soc. d'émulat. de Cambrai*, t. xxxii, p. 375). »

En ce qui concerne les environs de Paris, je lis dans un Mémoire de Poiteau de 1831 : « Dans ma jeunesse, il y a 50 ans, on la méprisait encore, et peu de personnes osaient en manger (V. *le Cultivateur*, t. iv, 99). » Même en 1800, tous les préjugés relatifs à l'usage du précieux tubercule ne sont pas dissipés ; car pour qu'il soit sain et d'une facile digestion, spécifie le *Bon Jardinier*, pour l'an ix de la République, il faut distinguer le sol et le climat qui lui convient : « Les patates (pommes de terre), auront ces deux qualités si elles sont cultivées dans un terrain sec et chaud ; mais elles seront lourdes et indigestes si elles proviennent d'un sol froid et humide. »

Ces citations ne confirment-elles pas l'assertion récemment émise par M. Pépin au sein de la Société centrale d'agriculture, qu'encore au commencement du siècle, la pomme de terre était cultivée à Paris, surtout pour les animaux ? Et cependant elle devait avoir alors de chauds partisans ; car en 1793, Chaumette annonçait le projet de planter ce fécond tubercule sur toute la surface des jardins du Luxembourg.

En 1807, M. Féral de Rouville, rendant compte d'une culture de cent hectares dans la commune de Rouville (Loiret), écrivait : « Dans le canton que j'habite, personne avant moi n'avait cultivé les pommes de terre en grand ; elles n'y étaient pas inconnues ; mais quelques carrés destinés à cette plante, choisis près des habitations et labourés à la bêche, n'étaient pas des données pour une culture étendue (V. *Mémoires d'Agr. publ. par la Soc. d'Agricult. de la Seine*, t. xii, p. 365). »

Sageret, à son tour, traitant, dans ce même *Recueil*,

de l'agriculture du pays compris entre Lorris et Montargis (Loiret), déclarait que la culture de la pomme de terre y était *circonscrite dans les jardins*, n'étant pas assez commune pour être à bas prix, et ne servant guère à la nourriture des bestiaux.

Quant au département de la SARTHE, M. Deslandes donnait, en 1809, le renseignement suivant : « Il y a cinquante ans que l'on connaissait à peine les pommes de terre ; elles y furent répandues par les soins et l'exemple des grands propriétaires, et surtout des curés. Leur culture fit de rapides progrès ; il n'y a point de fermier qui n'en plante annuellement un douzième de ses terres. » (V. même *Recueil*, t. XII, p. 68.)

La résistance à l'extension de ce tubercule semble avoir été plus grande dans l'ouest de la France, à l'exception de la SEINE-INFÉRIEURE, grâce peut-être à l'influence de Parmentier, originaire de Montdidier. En effet, Lieutaud écrivait à Rouen en 1783 : « Cette plante, qui se cultive dans les jardins et *dans les champs*, donne... des tubercules bons à manger ; ils sont également estimés des riches et des pauvres : leur saveur est assez agréable, ils se digèrent aisément. » (*Précis de mat. médic.*, t. 3, p. 285.)

Mais je ne vois pas la pomme de terre signalée parmi les plantes cultivées en grand dans la *Statistique du département de l'*EURE, publiée en l'an XII par ordre du gouvernement.

En 1818, Duhamel, dans son *Mémoire sur le sol de l'arrondissement de Coutances* (MANCHE), disait : « La culture de la pomme de terre s'est répandue dans presque toutes les communes, et il n'en est pas où elle ne réussisse ; *mais on ne la fait point en grand, et l'on n'y sacrifie que peu de terrain.* »

En 1806, de Candolle écrivait, dans son *Rapport sur*

un voyage botanique et agronomique dans les départements de l'Ouest : « Les pommes de terre sont, dans presque tous ces départements ; cultivées seulement pour la nourriture des bestiaux et pour l'usage de quelques particuliers riches qui, moins soumis aux préjugés, aiment à s'en nourrir. Dans les environs de Quimpercorentin, on trouve, au contraire, l'usage et la culture des pommes de terre bien naturalisés, ce qui est dû aux efforts soutenus et sagement conduits de M. Ledéan. Elles sont introduites dans les assolements du district de Quimper à la place du blé noir... Le peu de pommes de terre qu'on trouve dans les environs de Nantes y est cultivé de la même manière. » Et le savant botaniste traçait ces lignes, répétons-le, en 1806 ! (V. *Mém. d'Agric. publ. par la Société d'Agric. de la Seine,* t. x, p. 274.)

C'est vers 1788 que la culture de la Parmentière pénétrait en Vendée ; car Cavoleau écrivait en 1818, dans sa *Notice sur l'agriculture du département de la Vendée :* « Il y a un peu plus de trente ans que le docteur Loyau et moi nous avons commencé à cultiver la pomme de terre dans les champs pour la nourriture des bestiaux. Cet exemple, que l'on a vu d'abord avec indifférence, a cependant gagné insensiblement. Dans le commencement, les paysans se sont bornés à cultiver ce tubercule dans les jardins, comme légume ; ensuite, ils en ont nourri leurs cochons, puis leurs vaches ; et maintenant ils l'appliquent à tous les usages dont il est susceptible dans l'économie rurale et domestique. La culture de cette plante *commence* à être très-étendue dans le Bocage... J'entends tous les jours proclamer ses louanges par les hommes les plus ennemis des nouveautés, et il est reconnu que dans les deux disettes qui ont suivi les mauvaises récoltes de 1811 et 1816, la pomme de terre a sauvé du désespoir une foule de malheureux. La culture n'en est sans doute pas encore aussi étendue qu'elle devrait l'être ;

mais l'impulsion est donnée, et je ne crois pas que rien puisse désormais l'arrêter. »

Le *Mémoire statistique du département des* DEUX-SÈVRES, publié en l'an XII, fournit les renseignements suivants, p. 234 : « Il y a 50 ans que les pommes de terre ont été introduites dans la Gâtine par M. Bouteiller, médecin à Châtillon ; il en nourrissait ses chiens de chasse, sa volaille et ses cochons ; mais bientôt une foule de préjugés et de petits intérêts s'élevèrent contre cette révolution. En 1784, Clément Cendré... renouvela en grand les essais... Aujourd'hui la culture de la pomme de terre est connue dans tous les villages de la Gâtine... Il paraît qu'elle commença à s'établir dans la partie sud-est du département des Deux-Sèvres, voisine de celui de la Charente, en 1775, par les soins du comte de Broglie ; et, de là, elle se répandit dans le pays Mellois ; mais elle n'occupait guère qu'un ou deux mètres carrés dans les jardins, lorsqu'en 1785, le citoyen Jard-Panvilliers... y employa à peu près un hectare ; l'abondante récolte qu'il obtint et dont il engraissa sa basse-cour et une quantité de cochons, donna l'éveil aux autres cultivateurs qui s'empressèrent de l'imiter. Ce fut surtout dans les années II et III de la République que la culture de la pomme de terre s'étendit sensiblement ; le docteur Brisson, en 1784, l'introduisit dans le canton de Coulange, arrondissement de Niort, où cette plante était absolument inconnue ; il en fournit de la semence à plusieurs métayers et bordiers... Cependant cette culture ne s'y fait toujours qu'en petit et reste dans un état languissant. »

On a signalé plus haut les efforts de Turgot pour doter le Limousin du précieux tubercule. En 1809, M. Goudinet, sous-préfet à Saint-Yrieix, proclamait l'étendue de ce service pour la HAUTE-VIENNE : « On a reconnu enfin, dit-il, que la pomme de terre intéresse essentiellement la prospérité publique... Sa récolte est presque toujours aussi assurée qu'abondante. C'est ce qu'on observe dans ce pays, où, à l'aide d'une bonne culture, elle peut donner cinquante pour un. *(Mém. d'Agric. publ. par la Soc. d'Agric. de la Seine, t. XII, p. 69-70).* »

Mais quels progrès la pomme de terre avait-elle faits dans le sud et le sud-ouest de la France pendant la seconde moitié du XVIIIe siècle ?

M. de Fayolle déclarait, en 1809, que dans la Dordogne cette culture était inconnue à la majorité des cultivateurs avant 1785, ajoutant : « Maintenant chaque année on voit augmenter la portion destinée à cette culture. (V. *Mém. d'Agric. publ. par la Soc. d'Agric. de la Seine,* t. XII, p. 68).»

Quant au Lot , je relève le passage suivant dans la *Statistique* de ce département par Delpont, t. 2, p. 822-3 : « La pomme de terre n'a vaincu que depuis peu d'années, tous les obstacles qui s'opposaient à sa culture, quoique, dès l'année 1789, M. Henri de Richeprey... eut annoncé que ce tubercule était la seule production qui pût être une ressource certaine contre la famine. Encore en 1812 on connaissait à peine la pomme de terre sur le sol calcaire, et si quelques particuliers l'y cultivaient, ce n'était que comme plante potagère. Mais après avoir reconnu qu'elle avait suppléé sur le sol granitique à toutes les autres récoltes qui avaient manqué par l'intempérie des saisons, et qu'elle seule avait préservé la population de cette contrée du plus redoutable des fléaux, on sentit combien il était avantageux de propager une plante qui n'est point attaquée par la grêle , par les brouillards, par les trop longues pluies, par les froids tardifs. »

Dans le Gévaudan, disait M. Broussous en 1809, l'adoption des prairies artificielles fut suivie de celle des pommes de terre qui y est devenue plus générale et n'y a point ren-

contré d'obstacles : « il n'est point de canton, point de commune, point de propriétaire pauvre ou riche qui ne les cultive ; les disettes étaient jadis fréquentes ; elles sont aujour-
d'hui presque impossibles. *(Mém. d'Agric. publ. par la Soc.
d'Agric. de la Seine*, t. XII, p. 71.) A son tour, Prost écrivait en 1821 : « La culture de la pomme de terre a fait des
progrès considérables dans ce département (la Lozère)
depuis une quinzaine d'années. (V. *Mém. de la Soc. d'Agric.
de Mende*, 1827, p. 41 note.)

On a vu plus haut que la plante était cultivée dans le
VELAY, dès 1735.

Dans les CÉVENNES, les pommes de terre firent leur apparition vers 1774, si l'on en croit ce passage de Loiseleur Deslongchamps de 1824 : « Ce n'est que depuis une
cinquantaine d'années qu'on les connaît dans les montagnes
des Cévennes où elles sont aujourd'hui la base de la nourriture du peuple. (V. *Dict. des sci. nat.*, t. XXXII, p. 524) »

Et on lit dans un ouvrage récent à propos de ce tubercule : « N'a commencé à être cultivé que vers la fin du siècle dernier, à Saint-Pons, où bien des fois auparavant sé-
vissait la disette (Barthès, *Gloss. bot.*, p. 193). » J'ai cité
plus haut, p. 141, la belle initiative, prise en 1865 par l'évêque du Barral, pour répandre la culture de la pomme de terre
dans le TARN ; la réussite ne répondit pas, sans doute, aux
efforts de ce philanthrope, car la pomme de terre n'est guère
qu'incidemment mentionnée dans la *Description du département du Tarn*, par Massol, en 1818, l'auteur se bornant
à dire qu'elle est cultivée dans les cantons de Saint-Amans-
Labastide, de Mazamet et dans le bourg de Valence ; il spécifie cependant qu'on récolte beaucoup de pommes de terre
dans le canton d'Anglés. (V. p. 60, 86, 88, 117.)

Enfin, voici des renseignements précis qui m'ont été fournis
sur les premières tentatives, faites sur le versant septen-

trional de la Montagne Noire, aux environs de Sorèze : C'est vers l'année 1790 qu'on essaya la culture de la pomme de terre dans quelques métairies ; mais elle restait confinée dans les jardins ou autour des maisons d'habitation. En 1814, elle n'avait encore pris aucune extension ; et elle gagna peu jusqu'en 1832 ; à cette date, un riche propriétaire de la montagne rassembla les paysans de ses dix métairies et leur enjoignit de cultiver en grand le tubercule, s'ils ne voulaient être remplacés. Ce fut un excellent exemple.

Le progrès avait été plus rapide dans des localités peu éloignées, car le baron Trouvé écrivait, dès 1818, dans sa *Description du département de l'AUDE*, t. 2, p. 515 : « La pomme de terre est celle de ces cultures qui se pratique avec le plus de succès surtout dans la Montagne Noire, dans les montagnes de l'arrondissement de Limoux et dans les Corbières. On dit que ce fut un mendiant qui la fit connaître et qui l'introduisit dans cette dernière contrée. Elle est devenue d'une grande ressource pour les habitants »

Si, comme on l'a vu plus haut, la pomme de terre était, dès 1776, l'objet d'une culture en grand dans certaines parties des Pyrénées, elle était loin d'avoir pénétré dans toutes. C'est ainsi que dans la vallée de Louron (HAUTES-PYRÉNÉES), cette culture ne remonte pas au-delà de 77 ans : « En 1795, un commissaire du gouvernement fut chargé de faire ensemencer en pommes de terre une certaine étendue de terrain proportionnée à l'importance de chaque famille. Dans les commencements les habitants ne cessaient de se plaindre de cet ordre et suppliaient l'autorité de les dispenser d'y obéir ; entre autres griefs, ils prétendaient qu'on leur faisait perdre une année de revenu, en chargeant leur terre d'une récolte inutile. On tint bon : peu à peu les préjugés tombèrent ; la pomme de terre devint une partie de la nourriture habituelle, et passa de l'homme aux animaux. Aujourd'hui on regrette de ne pouvoir lui consacrer plus de terrain. (*Agriculture française*, Hautes-Pyrénées, p. 259.) »

L'exemple se propagea. Aussi, dès 1813, M. de Saint-André écrivait-il dans sa *Topographie de la Haute-Garonne*, à propos de l'alimentation 1° de la commune de Saint-Martory : « Un pain de méteil... les salaisons ainsi que les navets, les choux et la pomme de terre, forment la base des aliments ordinaires ; » 2° de la commune d'Aspet : « Le genre de production qui y devient universellement une des premières ressources, et dont le succès est certain, parce qu'il craint peu la rigueur des hivers, c'est la pomme de terre qui est d'une qualité bien supérieure à celle de notre climat. On a appris à préférer la blanche à la rouge et l'on y a introduit celle qu'on nomme de Hollande, qui est plate, très-blanche et très-féculente, mais qui n'y paraît pas encore bien acclimatée (p. 46 et 63). »

Enfin, on peut induire de quelques notes incidentes empruntées à des ouvrages relatifs à notre localité qu'encore dans les dix premières années de son siècle, et nonobstant les efforts faits par Lapeyrouse et l'exemple donné par lui dans le canton de Montastruc, la pomme de terre n'était guère appréciée dans nos contrées.

Tournon écrit, en 1811, dans sa *Flore de Toulouse*, p. 94 : « La patate (il désigne ainsi la Parmentière) est cultivée en grand au Jardin de botanique et chez M. Goffres l'aîné. Peut-être parviendra-t-on à l'acclimater... » ; et j'extrais ce passage de la *Topographie médicale de la Haute-Garonne*, par J. A. Saint-André (p. 296, année 1813) : « La pomme de terre, dont on use QUELQUEFOIS dans les ménages aisés... Je dirai des pommes de terre en particulier que ce n'est guère que lorsqu'elles ne sont pas parfaitement mûres, ou qu'elles sont très-récemment cueillies, qu'elles sont nuisibles (1). » Le département de TARN-ET-GARONNE était probablement alors beaucoup plus avancé sous ce rapport ; car on lit dans la *Description des plantes de Montauban*, par Gatereau, p. 53, ouvrage publié en 1789, que « la pomme de terre est cultivée dans les champs », témoignage que confirmait en 1823 Baron (*Flore des départements méridionaux*, Montauban, p. 56), écrivant : « Cette plante est très-cultivée. » Au commencement de ce siècle, M. Depère y avait introduit la culture de ce tubercule dans le canton de Mezin (V. *Mém. d'Agr. publ. par la Soc. d'Agric. de la Seine*, t. XII, p. 24).

« On ne se persuaderait jamais, dit Cuvier, qu'un végétal si sain, si agréable, ait pu avoir besoin de deux siècles pour vaincre des préventions puériles (*Eloge de Parmentier*). » C'est d'abord la lèpre et la dysenterie qu'elle est accusée de produire. « Sous Louis XV, quelques vieux médecins renouvellent contre elle, ajoute Cuvier, les accusations du xvi⁰ siècle. Il ne s'agissait plus de lèpre, mais de fièvres. Les disettes avaient produit dans le Midi quelques épidémies qu'on s'avisa d'attribuer au seul moyen qui existât de les prévenir. Le contrôleur général se vit obligé de provoquer, en 1771, un avis de la Faculté de médecine propre à rassurer les esprits. Parmentier seconda les vues du ministre par un examen chimique de cette racine. »

Mais tandis que la pomme de terre éprouvait tant de difficultés à se propager, à conquérir sa place légitime, la batate cherchait à la supplanter (2). Sans décider si c'est elle

(1) Aussi, dès 1818, la Société d'Agriculture de la Haute-Garonne *désirant donner à la culture de la pomme de terre toute l'extension qu'elle mérite*, décidait de décerner, en 1819, une médaille d'or à l'auteur du meilleur traité sur la propagation, le choix des espèces ou des variétés, etc.

(2) Il importe de bien distinguer la batate, tubercule d'une plante de la famille des Convolvulacées ou des Liserons (le *Convolvulus Batatas* de Linné,

ou la pomme de terre qu'en 1563 John Hawkins importait de Santa-Fé en Irlande, toujours est-il qu'en 1786, Francis Drake l'introduisait en Angleterre des mers du Sud. Sir J. Banks a cru que dans ces deux cas, il s'agissait également de la batate « connue en Angleterre, dit-il, comme un mets peu recherché longtemps avant l'introduction de notre pomme de terre. On en avait apporté une quantité considérable d'Espagne et des Canaries, et on la considérait comme un restaurant très-énergique. »

Vers la fin du XVIIIe siècle, MM. Vilmorin et de Puymaurin essayèrent de l'introduire à Montpellier et à Toulouse ; malgré un premier échec en 1788, M. de Puymaurin ne se découragea pas ; il en fit venir d'Espagne et en couvrit une surface de 12 ares environ (V. notes du *Théâtre d'agric.* d'Olivier de Serres, Nouv. éd., Huzard (1804-5) t. 2, p. 253). Mais que pouvait le frileux tubercule des régions tropicales contre la robuste et vigoureuse montagnarde des Cordilières d'Amérique ?

Toulouse, Impr. Louis & Jean-Matthieu Douladoure.

9 782019 912499